지은이 **산제이 마노하**

영국에서 태어났으며, 옥스퍼드 대학교의 겸임 교수로 일하면서 신경학과 인지 신경 과학을 연구하고 있어요. 전문 분야에 관해서 다양한 글을 쓰고, 훌륭한 학술상을 여러 차례 받았어요.

그린이 **게리 볼러**

영국에서 태어났으며, 그래픽 디자이너로 런던 광고계에서 수년간 활동했어요. 어린 시절에는 낙서를 좋아했고, 그 당시 인기가 많았던 만화 잡지 《더 비노》와 《더 댄디》를 사랑했어요. 수많은 단행본과 만화에 그림을 그렸는데요. 앞서 말한 두 잡지하고도 작업을 함께했답니다.

옮긴이 **김선영**

대학에서 식품 영양학과 실용 영어를 공부한 뒤, 영어 문장을 아름다운 우리말로 요모조모 바꿔 보며 즐거워하다가 본격적으로 번역을 시작했어요. 옮긴 책으로 《불을 꺼 주세요》 《밥을 먹지 않으면 뇌가 피곤해진다고?》 《플라스틱 지구》 《이상한 나라의 앨리스》 외 여러 권이 있답니다.

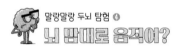

말랑말랑 두뇌 탐험 ❹
뇌 맘대로 움직여?

첫판 1쇄 펴낸날 2024년 12월 6일 | **지은이** 산제이 마노하 | **그린이** 게리 볼러 | **옮긴이** 김선영 | **발행인** 조한나 | **주니어 본부장** 박창희 | **편집** 박진홍 정예림 강민영 | **디자인** 전윤정 김혜은 | **마케팅** 김인진 김은희 | **회계** 양여진 김주연 | **인쇄** 한국소문사 | **제본** 에이치아이문화사 | **펴낸곳** (주)도서출판 푸른숲 | **출판등록** 2003년 12월 17일 제2003-000032호 | **제조국** 대한민국 | **주소** 경기도 파주시 심학산로 10, 우편번호 10881 | **전화** 031)955-9010 | **팩스** 031)955-9009 | **인스타그램** @psoopjr | **이메일** psoopjr@prunsoop.co.kr | **홈페이지** www.prunsoop.co.kr | ⓒ푸른숲주니어, 2024 | ISBN 979-11-7254-514-7 (74470) 979-11-7254-510-9 (세트)

잘못된 책은 구입하신 서점에서 바꾸어 드립니다.
KC 마크는 이 제품이 공통안전기준에 적합하였음을 의미합니다. 던지거나 떨어뜨려 다치지 않도록 주의하세요.

Adventures of the Brain: Brain's Behaviour
Text by Professor Sanjay Manohar and Illustrations by Gary Boller
First published in Great Britain in 2024 by Wayland.
Copyright ⓒ Hodder and Stoughton, 2024
Korean edition copyright ⓒ Prunsoop Publishing Co., Ltd., 2024
All rights reserved.

This Korean edition is published by arrangement with Hodder & Stoughton Limited,
on behalf of its publishing imprint Wayland, a division of Hachette Children's Group,
through Shinwon Agency Co., Seoul.

뇌 맘대로 움직여?

산제이 마노하 글 | 게리 볼러 그림 | 김선영 옮김

푸른숲주니어

차례

뇌는 엄청 바빠 ⸺⸺⸺⸺⸺ 4

뇌 vs. 컴퓨터 ⸺⸺⸺⸺⸺ 6

뇌는 뭐든지 스스로 판단해 ⸺⸺⸺⸺ 8

이게 무슨 소리지? ⸺⸺⸺⸺⸺ 10

아기가 손가락을 빠는 이유 ⸺⸺⸺ 12

배가 고플 때는… ⸺⸺⸺⸺⸺ 14

보상과 벌칙 ⸺⸺⸺⸺⸺ 16

균형은 소뇌 담당! ……………………… 18

뇌가 모든 걸 꼬총해 ……………………… 20

말을 끝까지 들어! ……………………… 22

성공하려면 의지력이 필요해 …………… 24

버스를 타려면 계획부터! ………………… 26

앞일을 예측하고 계획을 세워! ………… 28

뇌도 가끔은 휴식이 필요하다고! ……… 30

말랑말랑 두뇌 용어 사전 32

뇌는 엄청 바빠

하는 일이 무지무지 많거든.

노래하고

보고

기억하고

듣고

산책하러 갈까?

결정하고

감정을 느끼지.

우리는 물체를 눈으로 볼까? 아니면 뇌로 볼까? 물론 빛을 보는 건 눈이야.
그런데 빛의 모양을 파악해서 그 물체가 무엇인지 알려 주는 건 뇌야!

음, 이게 뭐지?
전에 봤던 건데?

그래,
이 모양은
사과야!

사과가 뭐였지? 먹는 거?
던지는 거? 깔고 앉는 거?

뇌는 이런 질문에 쉽게 대답할 수 있어.

어떻게 그럴 수 있냐고?
예전에 보았던 것들을 기억했다가
하나하나 비교하니까.

너, 그거 알아?

아기들은 처음엔 보는 법을 몰라. 뇌에 기억이 충분히 쌓이고 난 뒤에야 제대로 알아볼 수 있거든. 아기들이 사람의 얼굴을 알아보거나 움직이는 사물을 눈으로 따라가기까지 몇 주가 걸려!

뇌 vs. 컴퓨터

나는 디지털 방식으로 신호를 보내. 그래서 내 전선에 전기가 흘렀다가 안 흘렀다가 하지.

뇌는 컴퓨터랑 비슷한 방식으로 작동해.

나는 전선을 통해서 신호를 보내.

나도 그래! 신경이 내 전선이야.

내 뉴런들도 똑같아. 전기가 흐르기도 하고 안 흐르기도 해.

내 작업 속도는 정해져 있어. 내 안에 있는 시계가 속도를 정해.

난 아니야. 내 뉴런들은 아무 때나 신호를 보내거든.

나는 스위치로 결정을 내려. 이 스위치가 전기를 켰다 껐다 하지.

나도 결정을 내려. 뉴런 하나하나가 복잡한 스위치인 셈이야.

내 스위치는 아주아주 작아. 그런 스위치가 수십억 개나 돼.

뉴런들도 아주아주 작고 엄청나게 많아!

나는 메모리에 정보를 저장해.
메모리를 유지하는 특별한 스위치가 있어.

나도 내 기억 속에 여러 가지
일을 저장해. 나한테도 기억을
담당하는 뉴런이 따로 있어.

나한테는 카메라가 있어.
빛이 카메라에 닿으면 전선으로
전기 신호를 내려보내.

나는 눈이 카메라야.
전기 신호는 뉴런을
타고 이동해.

전선

네가 명령어를 입력하면 그
내용을 내 메모리와 비교해. 그런 다음
어떤 작업을 할지 결정을 내리지.

나는 뭔가가 보일 때마다
내 기억과 비교해.
그런 다음에 뭘 할지 결정해.

뇌는 뭐든지 스스로 판단해

뇌와 컴퓨터는 할 일을 결정해.
그렇지만 일하는 방식은 좀 달라.

컴퓨터는 전선과 스위치로 이루어진 반면, 뇌는 살아
있는 세포로 이루어져 있어.
컴퓨터는 전압의 높낮이를 다르게 해서 전선으로 신
호를 보내. 이 작업을 일 초에 수십억 번 할 수 있어.
반면에 뇌 세포는 자신의 팔로 전기 신호를 보내. 일
초에 백 번쯤 보낼 수 있지.

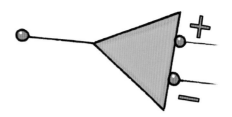

컴퓨터에는 결정을 내리는 지점이
백억 개쯤 있어. 여기서 컴퓨터는
단 두 종류의 신호만 받아.

사람의 뇌에는 뉴런이 약 천억 개 있는데,
각 뉴런이 결정을 내리는 역할을 하지. 뉴
런은 적어도 천 개의 다른 뉴런들로부터
신호를 받아.

규칙을 따르거나, 직접 배우거나

컴퓨터는 사람이 만들었어. 컴퓨터가 하는 일은 모두 '프로
그래밍'된 거지. 사람이 만든 규칙을 따른다는 뜻이야.
하지만 뇌는 그렇지 않아. 우리가 하는 일은 대부분 직접 관
찰하고 시도해서 배운 거야.

이게 무슨 소리찌?

대뇌 겉질은 무슨 일이 벌어졌는지 아직 모르고 있어.

눈 운동 뉴런

어서 왼쪽을 봐!

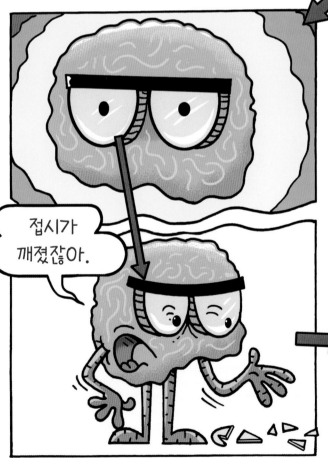

접시가 깨졌잖아.

밟기 전에 치워야겠다!

아기가 손가락을 빠는 이유

반사는 가장 간단한 반응이야. 반사가 일어나면 생각을 하기도 전에 재빠르게 행동하게 돼.

뇌에 신호가 도착하기 전에 곧바로 일어나는 반응들이 있어. 이를 테면, 척추에 있는 뉴런들은 뭔가 느껴지자마자 재빠르게 다리 근육을 움직여.

그런 반응을 **반사**라고 해. 반사가 일어나면 우리가 미처 알아차리지도 못할 만큼 빠르게 근육이 움직여.

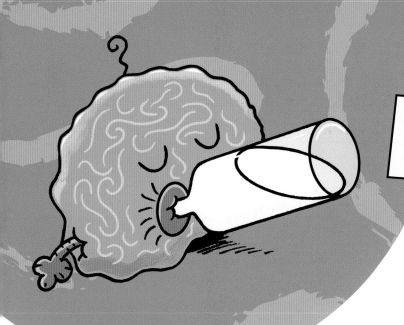

아기들은 태어날 때부터 여러 가지
단순한 반사 행동을 해.

아기들은 입에 뭔가가 닿으면 반사적으로
쪽쪽 빨아. 손가락, 우유, 인형……, 뭐든
지 빨지.

몇 년이 지나면 반사 동작이 사라지기도
해. 지금은 입에 뭐가 닿는다고 해서 무
조건 빨지는 않잖아?

배가 고플 때는…

위

연료 부족

욕구 센터

얼른 뇌로
신호 좀 보내.

비상!

음식이
필요해!

이마엽

동물원에
가 볼까?

만약 뭔가가 몸을 밀게 되면, 뇌는 넘어지지 않도록 반응해. 이걸 균형 잡기라고 하지. 뇌의 뒤쪽에 있는 소뇌가 그 일을 담당해.

반응해야 하는 순간을 어떻게 알아차리냐고? 몸이 넘어질 것 같으면 근육에 있는 신경이 얼른 알려 주거든.

소뇌

뇌는 넘어지지 않기 위해 어느 근육을 당겨야 할지 재빠르게 알아내.

19

뇌가 모든 걸 조종해

근육은 몸을 잡아당겨서 우리를 움직이게 해. 뇌가 자그마치 육백 개가량의 근육을 통제하고 있어! 팔과 다리, 등뼈, 손과 발, 그리고 얼굴 근육까지! 대단하지?

아주 조금만 움직일 때도 엄청 많은 근육이 힘을 모아야 돼. 어떤 근육을 언제, 어떻게 움직일지는 무슨 수로 아냐고? 뇌가 각 상황에 알맞게 신경을 이용해서 근육을 움직이는 거야.

너, 그거 알아?

앉았다가 일어서려면 근육이 오십 개도 넘게 필요해. 그 근육들이 모두 쓰임에 맞게 당겨져야 하지.

20

자리에서 벌떡 일어서는 것도 어렵지만, 달리고 폴짝 뛰는 건 더욱더 어려워!

멀리뛰기

각각의 근육이 모두 제시간에 정확하게 움직여야 해. 그래야 서로 호응해서 조화롭게 움직일 수 있거든. 이걸 **협응**이라고 해. 뇌는 엄청나게 복잡한 계산을 해서 근육에 얼마큼의 힘이 필요한지 똑바르게 알아내.

$(1 + 2l) - 2(X) + 5 = 1 + 4l^2 + 3 - 2 - 4l + 8^5$

소뇌가 주로 협응을 담당해.

우리 뇌는 움직이기 전에 어떻게 움직일 것인지 결정을 내려. 뇌가 날아오는 공을 보고 나서 반응하기까지 걸리는 시간은 고작 0.5초야!

덥석!

뇌는 모든 사항을 고려해. 확신이 없으면 반응하는 데 시간이 더 걸릴 수도 있어.

말을 끝까지 들어!

23

성공하려면 의지력이 필요해

뇌도 깊이 생각하지 않고 행동할 때가 있어. 무심코
행동하지 않으려면 평소보다 통제력을 더 많이 발휘
해서 마음을 다잡아야 하지.
뇌의 이마엽이 활발해져야 행동을 멈출 수 있어.

이마엽은 우리가 무심코 하는
일을 줄여 줄 뿐 아니라 당장
하고 싶은 일을 참는 데도 도
움을 줘. 충동적인 행동을 막
아 주지.

안 돼!

이마엽

케이크다!

하고 싶은 걸 참거나 어떤 일을
밀고 나가는 능력을 **의지력**이라
고 해. 저녁을 다 먹을 때까지 간
식을 안 먹으려면 의지력이 있
어야 하지. 공부를 열심히 하려
고 해도 의지력이 필요하고 말이
야. 의지력이 있으면 성공할 확
률이 높아져!

자신을 통제하고 조절하려는 마음이 너무 약하면 나쁜 행동을 하게 될 수도 있어. 순간적인 충동으로 규칙을 어기거나, 불량 식품을 잔뜩 먹을 수도 있지.

그런 일을 하면 당장은 기분 좋을지 몰라도 결과는 좋지 않게 돼.

꾸르륵

꼬르륵

부글부글

버스를 타려면 계획부터!

자, 이제 나가서 버스를 타야 해.

말랑이가 버스를 타야 한대!

문단속해야지.

정류장이 어디더라?

외투를 입어야 할까?

어디?

외투

문단속

어디더라?

정류장

관자엽

뉴런들이 지도에서 거리와 방향을 확인하고 어디로 가야 할지 정해.

앞일을 예측하고 계획을 세워!

뇌는 우리가 지금 할 일을 정해. 그리고 나중을 위한 계획도 짜야 하지. 가게까지 어떻게 가지? 직진해서 좌회전하고 우회전한 다음, 조금 더 걸어가서 버스를 타면…….

계획한 일을 순서대로 하지 않으면 목적지에 도착하지 못해. **계획**은 원하는 곳에 도착하기 위해 해야 할 일을 순서대로 나열한 거야. 뇌에는 기억이 있어서 계획을 세운 다음 순서를 기억하며 앞으로 다가올 일을 미리 생각해.

계획을 세우려면 예측해야 해. 예측
한다는 건 다음에 무슨 일이 있을지
미리 헤아려 짐작한다는 뜻이야.
뇌는 언제나 앞일을 예측하고 있어!
잠시 뒤의 상황을 예측할 수 없다면
아무 계획도 세울 수 없을걸.

뇌도 가끔은 휴식이 필요하다고!

우리는 다양한 것에 영향을 받아. 피곤해서, 행복해서, 슬퍼서, 배가 고파서
결정이 달라질 수 있지. 달거나 짠 음식이 영향을 미칠 수도 있어.
아플 때 먹는 약처럼 쓴것도 그렇고.

너, 그거 알아?

잠을 푹 자거나 잠시 동안 다른 일에 집중하면
뇌가 새로운 생각을 떠올려서 문제를 해결하는
데 도움이 돼.

우리의 마음은 늘 이리저리 떠돌아. 생각할 필요가 없는 일을 고민하면서 멍하니 공상에 잠기기도 해. 그럴 때 실수를 할 수 있어. 깜박 졸 수도 있고.

피곤할 때는 집중하기가 힘들어. 똑같은 일을 반복적으로 십 분 정도 하고 나면 뇌가 실수를 하기 시작하거든. 뇌도 쉬고 싶다고!

그럴 땐 밖으로 나가서 신선한 공기를 마셔 봐. 정신을 차릴 수 있을 거야. 가볍게 운동하거나 음료수를 마시는 것도 좋아!

말랑말랑 두뇌 용어 사전

겉질 뇌의 겉에 있는 주름진 층을 말해. 껍질이란 뜻이야.

관자엽 대뇌에서 물체를 인지하고 기억하는 일을 맡아 해. 측두엽이라고도 하지.

뇌줄기 뇌의 가장 아래에 있는 부위야. 대뇌와 척수를 연결해 주지.

뉴런 서로 연결되어 신호를 주고받으면서 우리 몸의 정보를 전달하는 신경 세포야.

동기 우리가 어떤 일을 하게 하는 이유야. 목표를 이루기 위해 노력하게 만들지.

반사 어떤 자극에 대해 보이는 빠른 반응이야. 생각하는 과정을 거치지 않고 바로 일어나.

벌칙 보상의 반대야. 뇌가 좋아하지 않는 것들이지. 하지만 학습에 도움이 될 때도 있어.

보상 어떤 행동에 따르는 긍정적인 결과야. 학습의 동기가 되곤 해.

소뇌 뇌의 뒤쪽에 있어. 몸의 균형을 잡고, 동작을 계획하고 실행하게 해.

수용기 외부의 변화에 반응하는 세포야. 빛 수용기, 소리 수용기 등이 있지.

신경 뇌와 몸의 각 부분 사이에 필요한 정보를 서로 전달하는 역할을 해.

이마엽 대뇌에서 읽고, 쓰고, 말하는 일을 맡아 하는 부위야. 전두엽이라고도 해.

집중 한 가지 일에 온 정신을 쏟는 것을 말해.

협응 근육이 호응해서 조화롭게 움직이는 거야.